如果有吃垃圾的怪獸侵略地球，你說有多好呢。
那就可以把我房間裏的垃圾一口吃掉了！

垃圾侵略地球！ 修訂版

廢物 回收 再造 的旅程

文／李惠容　　圖／徐英京

新雅文化事業有限公司
www.sunya.com.hk

我的房間裏堆滿了垃圾，這裏、那裏，到處都有。

垃圾車已經好幾天沒有來……
不僅是我家，整個小鎮都滿是垃圾。

垃圾會去哪裏？
垃圾車會收集垃圾，然後運送到不同的地方。那些可燃燒的垃圾會送到焚化爐處理，其餘大部分垃圾就送到堆填區堆積起來。

垃圾山不斷長高，
令地球變成巨大的垃圾箱。
現在已經沒有地方可以放垃圾了！

什麼是垃圾山？

在堆填區裏，推土機會來回移動，車輪上凸出來尖尖的齒
便會把垃圾刺破和壓碎。就像做蛋糕一樣，人們會在垃圾
上蓋上一層泥土，然後再放一層垃圾，使垃圾和泥土越來
越高，漸漸成為垃圾山。

送你一堆垃圾！

有些富有的國家會付錢給貧窮的國家，然後把那些令人頭痛的垃圾
丟過去。雖然現在已有多個國家答應不再這樣做，但是從前那些答
應收容垃圾的地方，環境污染問題已經非常嚴重了。

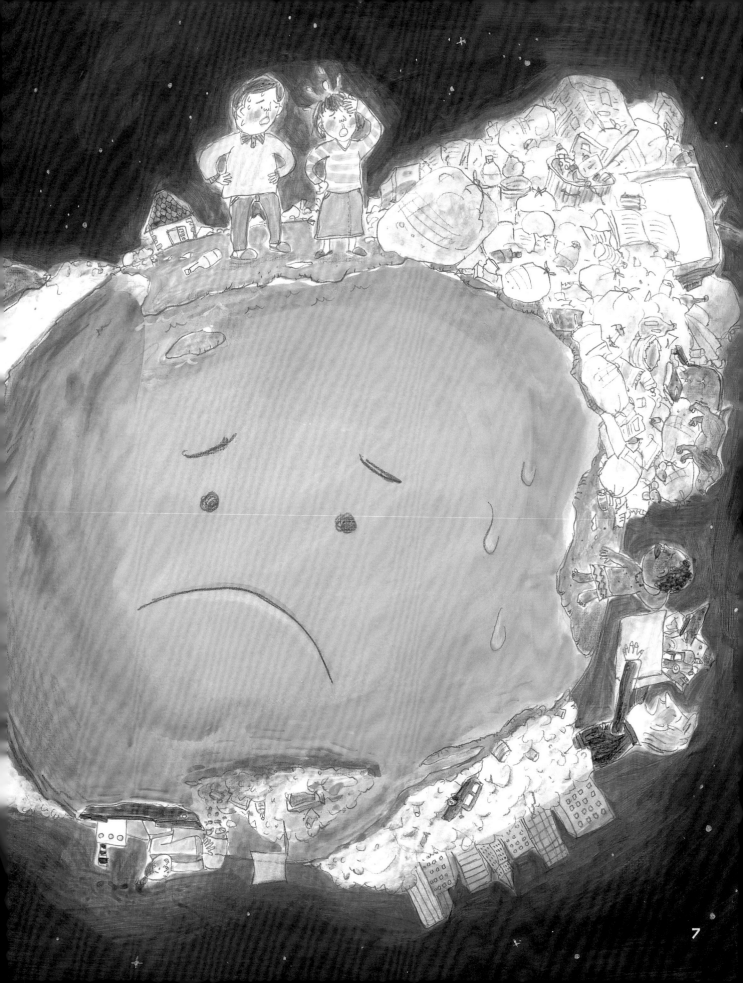

我和爸爸媽媽把家裏那一大堆垃圾放在車上，
出發尋找可以收容它的地方。

可是平原上、山坡上，甚至大海裏都滿是垃圾。

海洋生病了！

人們把垃圾倒進海裏，還有那些隨着江河流進大海的垃圾，不斷污染海水，使海洋生物患病或死亡。

土地生病了！

那些本來應該送到堆填區的垃圾，被人們偷偷放在城市附近的山坡和平原上，使那裏臭氣薰天！

終於，我們找到一個特別的村莊。這裏
非常乾淨，就像有一陣清風吹來，吹走了所
有垃圾！

這時，一位老婆婆笑着走過來。

老婆婆好像有幾雙手一樣，轉眼就把我們帶來的垃圾處理好。

紙做的放在一邊，玻璃做的放在另一邊，塑料做的再放在一邊……

垃圾要分類！

只要細心看看那些垃圾，就能從中找出一些可以循環再造的東西，例如紙張、鋁罐、玻璃或塑料製品等。煮食時剩下的廚餘也可以用來做植物的肥料，或是動物的飼料。無法循環再造的垃圾要分開來收集，只回收有用的垃圾。

分類放好，就可以送到循環再造的工廠去。

廢紙送到紙工廠的話，
就能變身成乾淨的紙！

① 把紙張切成碎片

回收小提示

報紙
一份一份疊起來，
然後用繩綁好。

飲品盒子
盒子裏要洗得乾乾
淨淨，乾透了就把
它攤開和壓平。

書本和雜誌
有些書本和雜誌的紙張上加了一層
塑料塗層，不能循環再造。

＊請看看第30頁的
「不是垃圾，是書簽！」。

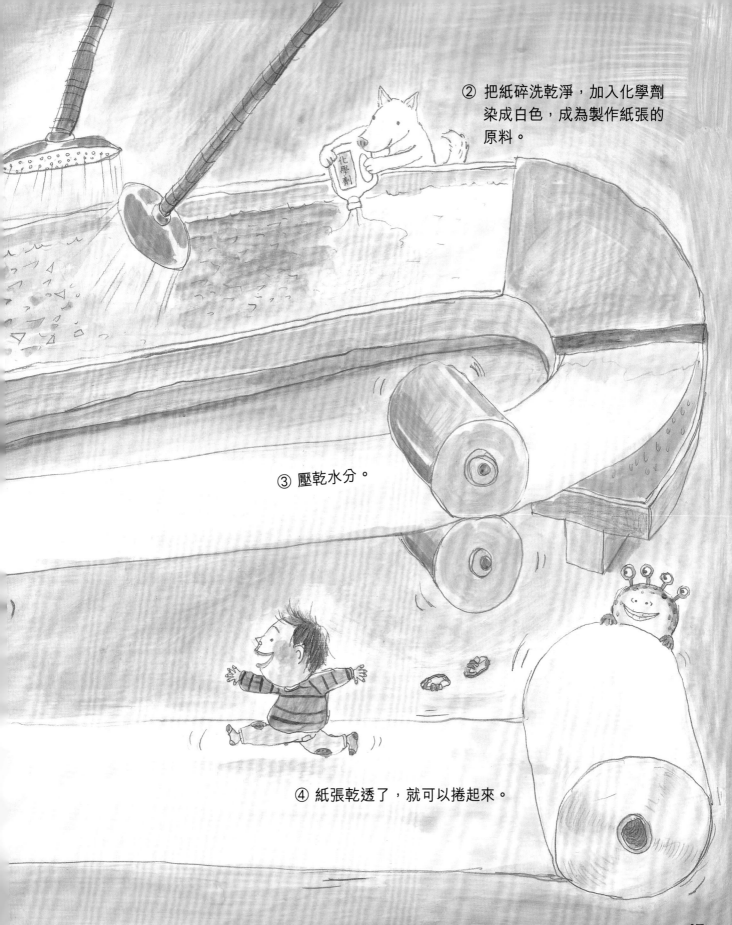

② 把紙碎洗乾淨，加入化學劑染成白色，成為製作紙張的原料。

③ 壓乾水分。

④ 紙張乾透了，就可以捲起來。

舊玻璃瓶送到玻璃工廠的話，就能變身成新的玻璃容器！

① 把玻璃瓶打碎成小塊。

② 利用高溫加熱，使玻璃熔化。

③ 熔化了的玻璃可以製成不同形狀的容器。

＊香港一般會把回收的玻璃瓶製成磚塊或其他建築材料。

回收小提示

瓶蓋一般是塑料或鋁製的，不能與玻璃一起回收。

請盡量按玻璃瓶的顏色分類。回收前把玻璃瓶清洗乾淨。

存放藥物或化學品的玻璃瓶不能隨便丟棄，要分開收集。

藥物玻璃瓶

化學品玻璃瓶

＊不同地方對回收玻璃有不同做法。香港並不接受回收藥物、化妝品或化學品玻璃瓶；台灣自2010年起開始回收藥瓶來處理。

舊塑料瓶送到塑料工廠的話，
就能變身成新的塑料用品！

① 把塑料瓶切成碎片。

③ 塑料碎片熔化後，能
製造出不同的物件。

洗乾淨塑料瓶後，要把瓶蓋
或包裝紙取下來。

② 用水清洗塑料碎片，
然後吹乾。

電話、風筒、衣架等
用品不能循環再造。

包裝用的泡沫塑料（發泡膠）
不可循環再造。

塑料製品上印有不同的標誌，
代表它的製造物料，我們可根
據標誌仔細分類。

舊的飲品鋁罐和食物罐頭送到鋁工廠
的話，就能變身成新的罐子！

① 把鋁罐切成碎片。

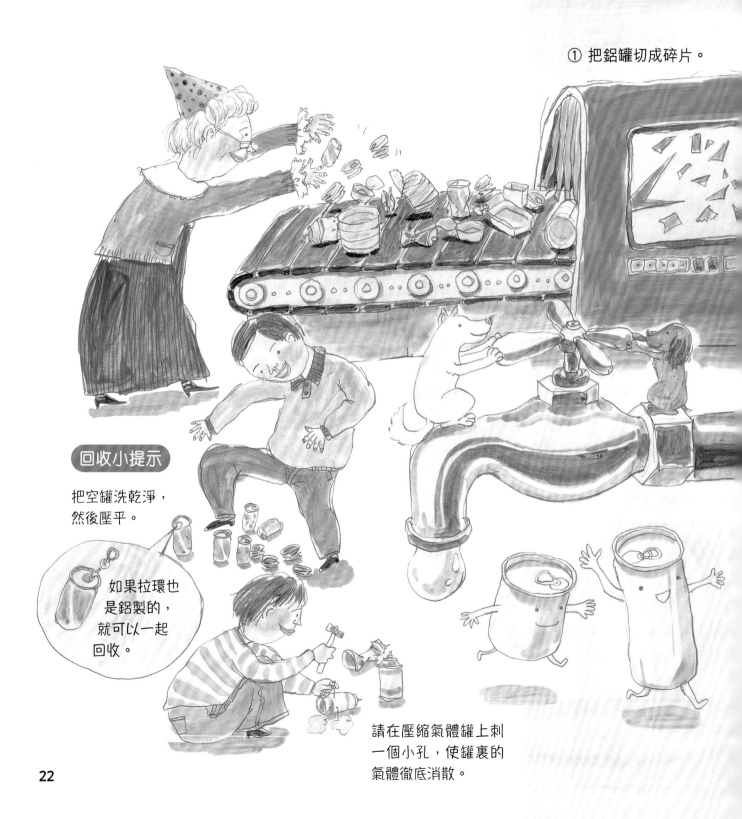

回收小提示

把空罐洗乾淨，
然後壓平。

如果拉環也
是鋁製的，
就可以一起
回收。

請在壓縮氣體罐上刺
一個小孔，使罐裏的
氣體徹底消散。

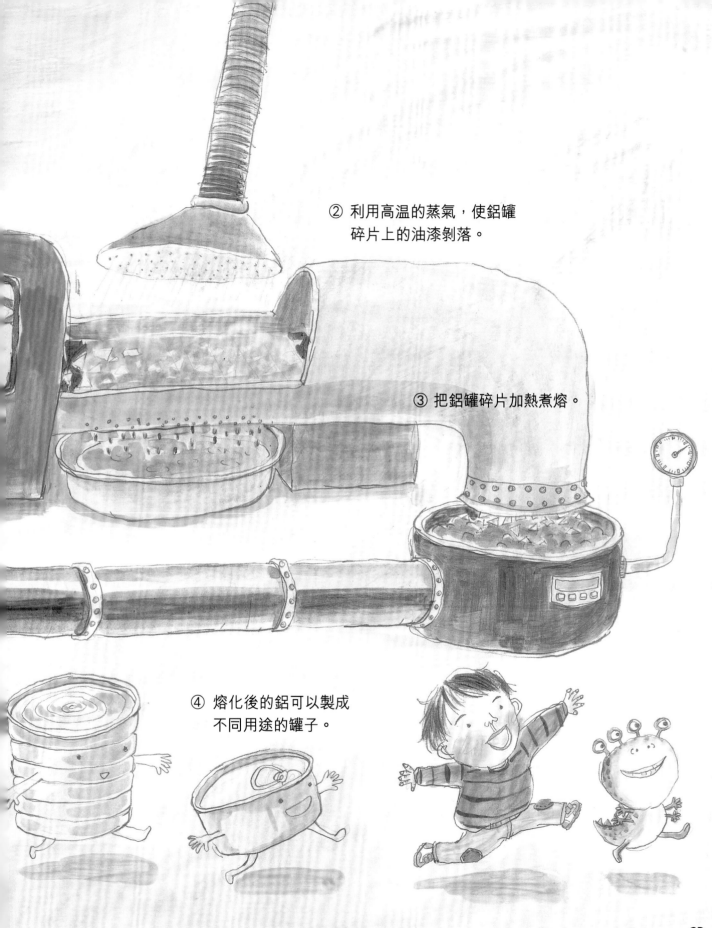

② 利用高溫的蒸氣，使鋁罐
　　碎片上的油漆剝落。

③ 把鋁罐碎片加熱煮熔。

④ 熔化後的鋁可以製成
　　不同用途的罐子。

老婆婆還告訴我們減少垃圾的方法。

包裝盒再見！

今天買的東西

怎樣減少垃圾？
★ 只購買有需要的物品。
★ 購買沒有包裝的物品。
★ 購物時自備環保袋。
★ 購買可以循環再造的瓶裝或罐裝飲品。
★ 購買有循環再造標誌的物品。

怎樣可以減少廚餘？

★ 列出購物清單，只購買有需要的食物。

★ 煮食時，盡量做足夠吃的分量就可以。

★ 吃飯時，盡量把食物吃完。

★ 好好保存吃剩的食物，留待下一次再吃。

記得可以把廚餘風乾，製成植物的肥料或動物的飼料！

我和爸爸媽媽回家後，按照老婆婆教的方法來把垃圾分類和回收。現在，我們家的垃圾只剩下這一小袋了！

齊來減少垃圾！

香港於2015年全面推行塑膠購物袋徵費計劃，盡力減少廢物。此外，香港將於2024年8月實施都市固體廢物收費（垃圾收費），對香港所有住宅和非住宅（包括工商業界）棄置的垃圾按量收費。市民須購買預繳式指定袋來丟棄垃圾。棄置大型垃圾前，須為每件大型垃圾貼上指定標籤。

還有一個令人興奮的好消息！

新的堆填區開放了，新的焚化爐和資源循環再造中心也建成了。

每天早上，垃圾車都會來我們的小鎮。不過，在吃垃圾的怪獸侵略地球前，垃圾仍然是一個令人擔憂的問題。

不是垃圾，是書籤！

書中提及有些塗了塑膠塗層的紙張不能回收，那些紙張看起來很有光澤。翻一翻舊書籍和舊雜誌，你有找到嗎？既然這些紙張最終會埋在堆填區，倒不如一起動動手，讓它們變成有用的書籤吧！

你需要 舊雜誌的紙張 顏色膠帶 剪刀

做法

① 把舊雜誌的紙張撕成長方形。

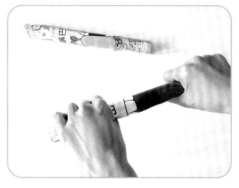

② 把長方形紙條扭成繩狀。

③ 用顏色膠帶包裹扭成繩狀的紙條。

④ 把包好的紙條上半部扭成你喜歡的圖形，例如：心形、三角形等，並用顏色膠帶固定好。

完成品

快把書簽夾在書本裏吧！

垃圾侵略家居！

在日常生活中，我們可能製造了不少垃圾。齊來看看應該怎樣對付垃圾的侵略！

- 購買外賣食物時，不取即棄的餐具。
- 自備水瓶，減少購買喝掉即棄的瓶裝或罐裝飲品。

- 多餘的衣架可以送到洗衣店。
- 適量地購買衣服，以免浪費。
- 把不合穿的衣服放進舊衣回收箱。

- 減少使用禮物包裝紙。
- 好好存放節日擺設，留待下一年再用。
- 收到不合用的禮物，可以轉贈別人，或捐給慈善機構。

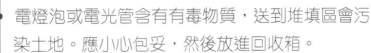

- 把不合用的電器用品捐給慈善機構。
- 利用二手物品交易平台，跟別人交換有需要的電器用品。
- 電燈泡或電光管含有有毒物質，送到堆填區會污染土地。應小心包妥，然後放進回收箱。
- 不少電子產品裏都有充電池，例如電話、電腦等。這些充電池含有有毒物質，不宜隨便丟棄。而且它含有可循環再造的物質，可放進回收箱。

吃垃圾的怪獸來了嗎？

牠好像不來了。

新雅・知識館

垃圾侵略地球！（修訂版）

作者 ：李惠容（이혜용 Lee Hye Yong）

繪圖：徐英京（서영경 Seo Yeong Gyeong）

翻譯：陳友娣

責任編輯：林沛暘、黃碧玲

美術設計：何宙樺、郭中文

出版：新雅文化事業有限公司

香港英皇道499號北角工業大廈18樓

電話：（852）2138 7998

傳真：（852）2597 4003

網址：http://www.sunya.com.hk

電郵：marketing@sunya.com.hk

發行：香港聯合書刊物流有限公司

香港荃灣德士古道220-248號荃灣工業中心16樓

電話：（852）2150 2100

傳真：（852）2407 3062

電郵：info@suplogistics.com.hk

印刷：中華商務彩色印刷有限公司

香港新界大埔汀麗路36號

版次：二〇二四年四月初版

ISBN: 978-962-08-8370-5